지은이 산제이 마노하

영국에서 태어났으며, 옥스퍼드 대학교의 겸임 교수로 일하면서 신경학과 인지 신경 과학을 연구하고 있어요. 전문 분야에 관해서 다양한 글을 쓰고, 훌륭한 학술상을 여러 차례 받았어요.

그린이 게리 볼러

영국에서 태어났으며, 그래픽 디자이너로 런던 광고계에서 수년간 활동했어요. 어린 시절에는 낙서를 좋아했고, 그 당시 인기가 많았던 만화 잡지 《더 비노》와 《더 댄디》를 사랑했어요. 수많은 단행본과 만화에 그림을 그렸는데요. 앞서 말한 두 잡지하고도 작업을 함께했답니다.

옮긴이 김선영

대학에서 식품 영양학과 실용 영어를 공부한 뒤, 영어 문장을 아름다운 우리말로 요모조모 바꿔 보며 즐거워하다가 본격적으로 번역을 시작했어요. 옮긴 책으로 《불을 꺼 주세요》 《밥을 먹지 않으면 뇌가 피곤해진다고?》 《플라스틱 지구》 《이상한 나라의 앨리스》 외 여러 권이 있답니다.

말랑말랑 두뇌 탐험 ❸
생각을 깨워 봐

첫판 1쇄 펴낸날 2024년 10월 28일 | **지은이** 산제이 마노하 | **그린이** 게리 볼러 | **옮긴이** 김선영 | **발행인** 조한나 | **주니어 본부장** 박창희 | **편집** 박진홍 정예림 강민영 | **디자인** 전윤정 김혜은 | **마케팅** 김인진 | **회계** 양여진 김주연 | **인쇄** 신우인쇄 | **제본** 에이치아이문화사 | **펴낸곳** (주)도서출판 푸른숲 | **출판등록** 2003년 12월 17일 제2003-000032호 | **제조국** 대한민국 | **주소** 경기도 파주시 심학산로 10, 우편번호 10881 | **전화** 031)955-9010 | **팩스** 031)955-9009 | **인스타그램** @psoopjr | **이메일** psoopjr@prunsoop.co.kr | **홈페이지** www.prunsoop.co.kr | ⓒ푸른숲주니어, 2024 | ISBN 979-11-7254-513-0 (74470) 979-11-7254-510-9 (세트)

잘못된 책은 구입하신 서점에서 바꾸어 드립니다.
KC 마크는 이 제품이 공통안전기준에 적합하였음을 의미합니다. 던지거나 떨어뜨려 다치지 않도록 주의하세요.

Adventures of the Brain: Brain's Thoughts
Text by Professor Sanjay Manohar and Illustrations by Gary Boller
First published in Great Britain in 2024 by Wayland.
Copyright ⓒ Hodder and Stoughton, 2024
Korean edition copyright ⓒ Prunsoop Publishing Co., Ltd., 2024
All rights reserved.

This Korean edition is published by arrangement with Hodder & Stoughton Limited,
on behalf of its publishing imprint Wayland, a division of Hachette Children's Group,
through Shinwon Agency Co., Seoul.

이 책은 신원에이전시를 통한 Hodder & Stoughton Limited와의 독점 계약으로 (주)도서출판 푸른숲에서 출간되었습니다.
저작권법에 의해 한국 내에서 보호를 받는 저작물이므로 무단 전재와 복제를 금합니다.

생각을 깨워 봐

산제이 마노하 글 | 게리 볼러 그림 | 김선영 옮김

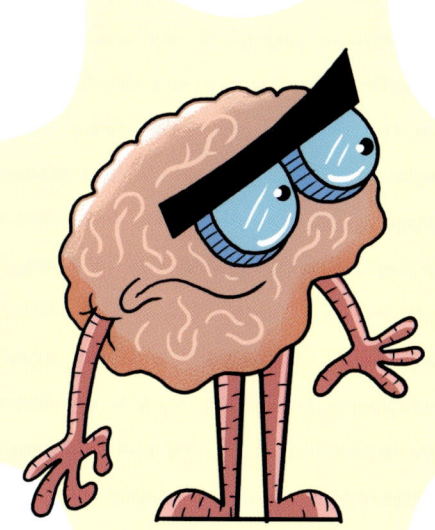

푸른숲주니어

차례

뇌에 기억을 보관해	4
기억을 떠올려 봐!	6
지난 일을 떠올리는 건	8
균형 감각은 소뇌에서?	10
뭔가를 배울 땐 연습이 필요해	12
귀를 기울여 봐	14
문법은 좌뇌 담당?	16

오늘은 무슨 요일?	18
의사소통을 잘하려면…	20
아이디어는 이마엽!	22
생각을 서로 연결해	24
동작 바꿔!	26
이마엽이 지시하는 대로 움직여	28
뉴런은 그물처럼 서로 엮여 있어	30
말랑말랑 두뇌 용어 사전	32

뇌에 기억을 보관해

우리가 생각할 때는 머릿속에서 여러 가지 정보가 이리저리 옮겨 다녀. 어떤 정보는 감각 기관을 통해서 얻게 돼. 보고 듣고 만지고 맛보고 냄새를 맡으면서 바깥 세상의 정보를 얻는 거지. 물론 몸안의 정보도 얻을 수 있어. 배가 고프거나 목이 마르면 곧바로 알게 되거든.

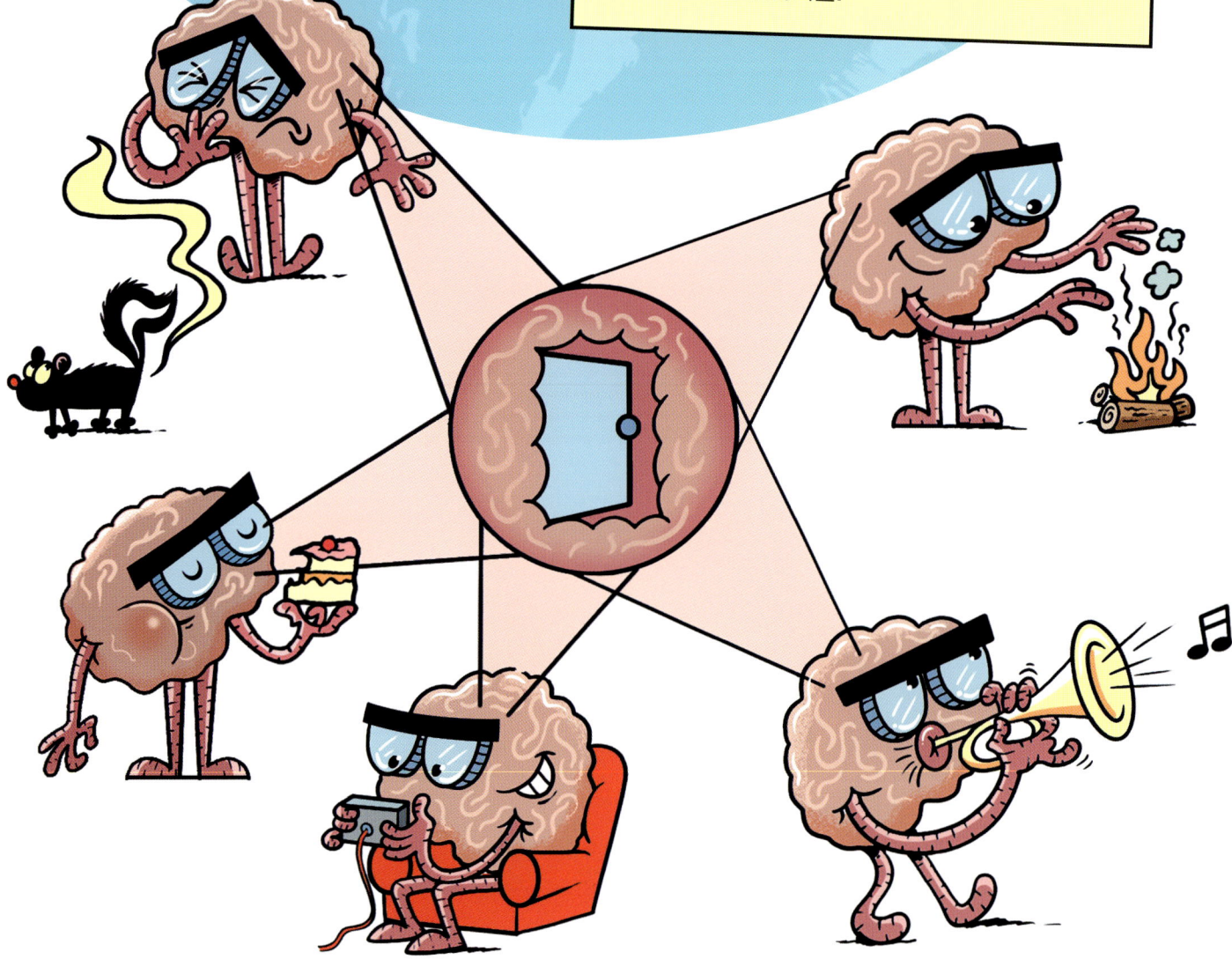

우리가 얻은 정보는 기억으로 저장돼.

뇌는 부위에 따라 각자 다른 것을 기억해.

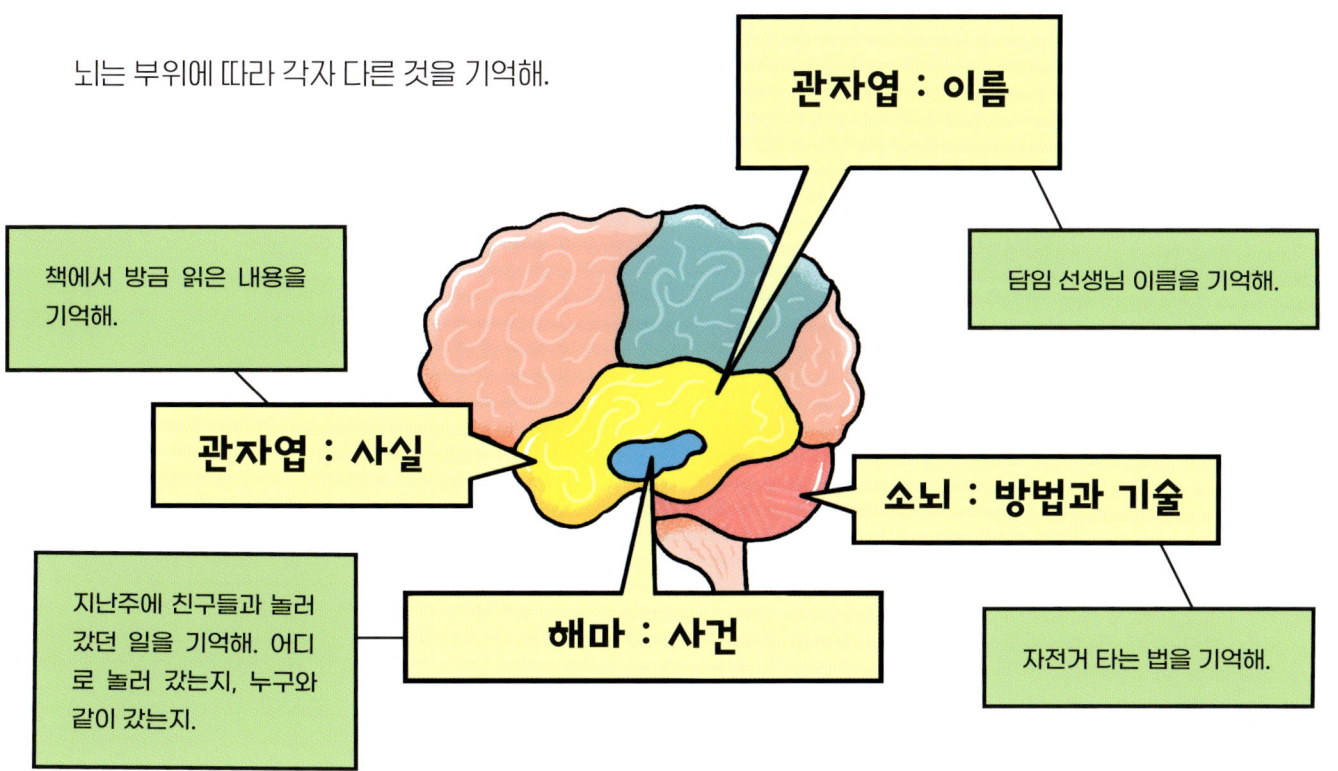

관자엽 : 이름
담임 선생님 이름을 기억해.

책에서 방금 읽은 내용을 기억해.

관자엽 : 사실

소뇌 : 방법과 기술
자전거 타는 법을 기억해.

지난주에 친구들과 놀러 갔던 일을 기억해. 어디로 놀러 갔는지, 누구와 같이 갔는지.

해마 : 사건

뇌는 기억을 모두 보관해. 뭐든 기록해 두었다가 나중에 찾아보거든. 수첩이랑 비슷하지?

몇 초 만에 사라지는 기억도 있고, 평생토록 남아 있는 기억도 있어.

기억을 떠올려 봐!

말랑이가 책에서 케이크 굽는 방법을 찾아보고 있어.

오븐은 210도, 밀가루는 120그램.

오븐이 210도랬나? 아니, 120도였나?

이마엽

210 120

작업 기억

지난 일을 떠올리는 건

우리는 아주 많은 일을 하면서 살아가. 우리가 한 일을 뇌가 세세하게 기억하지. 아주 사소한 것까지 모두 저장해 두거든.

사건이란, 그 일이 일어난 장소와 시각, 함께한 사람, 그때의 기분이나 행동을 통틀어 말하는 거야.

이 모든 게 전부 기억으로 저장돼.

아주 오래되어 흐릿해진 기억도 특별한 계기를 만나면 다시 선명하게 떠올라.
이렇게 지난 일을 돌이켜 생각해 내는 것을 상기한다고 해. 회상한다고도 하고.

강렬한 느낌을 주었던 사건은 다시 떠올리기가 쉬워. 가끔은 특정한 장소나 냄새가 기억을 되살리기도 하지.

기억을 저장하는 부위에서는 우리의 현재 위치를 알려 주기도 하고, 미래에 대해 생각하기도 해.

쉰 살이 넘으면 기억 뉴런이 적어지면서 기억력이 점점 떨어져.
그래서 나이가 많은 사람들은 무슨 일이 있었는지 떠올리려면 오래오래 생각해야 해.

균형 감각은 소뇌에서?

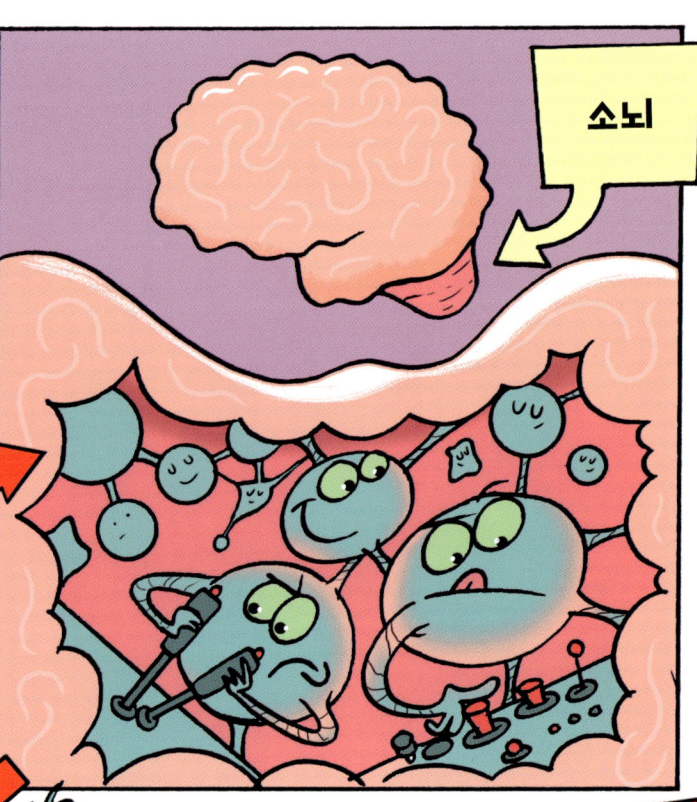

뭔가를 배울 땐 연습이 필요해

배우는 건 기억하는 거랑 비슷하지만, 뭔가를 배울 때 시간이 훨씬 더 많이 걸려.
우리는 연습을 하면서 하나씩 하나씩 배워 나가지.
아기들은 대개 물체를 보는 법부터 배워. 그것도 연습을 해야 해!
처음엔 물체를 제대로 볼 수가 없거든.

물체를 보기 위해서, 뇌가 먼저 물체에서 반사되는 빛을 받아들여. 그러고 나서 그 빛이 무엇을 뜻하는 건지 알아차리지.

우리는 숟가락을 보는 순간, 차갑고 딱딱한 금속 재질이라는 걸 바로 알지?

하지만 아기들은 잘 몰라. 숟가락을 가지고 놀면서 찬찬히 배워 나가야 해.

뉴런들이 숟가락의 재질과 감촉을 뇌에 저장해. 이걸 **경험 학습**이라고 하지!

너, 그거 알아?

배우는 데 시간이 아주 오래 걸리는 일도 있고, 그렇지 않은 일도 있어. 연습을 많이 해야 하는 일도 있고, 빨리 익힐 수 있는 일도 있고.
어떤 일이든 다 배우고 나면 그 전과는 완전히 달라질걸.
배우기 전에는 무지 어려웠던 일을 아주 쉽게 하게 될 테니까.

아기들은 일어서서 걷는 법도 배워야 해. 처음에는 다리에 힘을 주는 방법을 모르거든.

아기들은 직접 해 보면서 많은 것을 배워.

때로는 넘어지기도 하면서…….

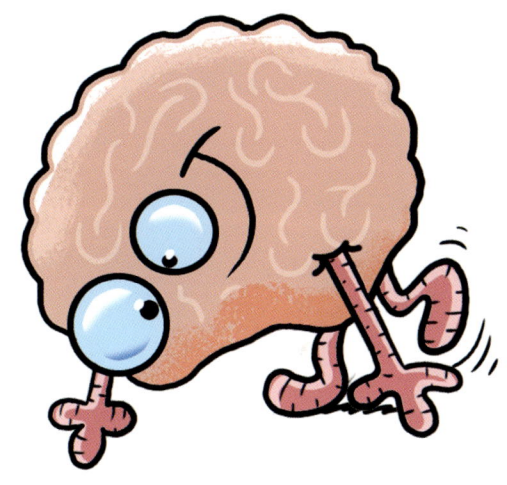

그렇게 연습을 하면서 어떤 근육을 써야 하는지 차근차근 배우는 거야. 이런 걸 **운동 학습**이라고 해.

귀를 기울여 봐

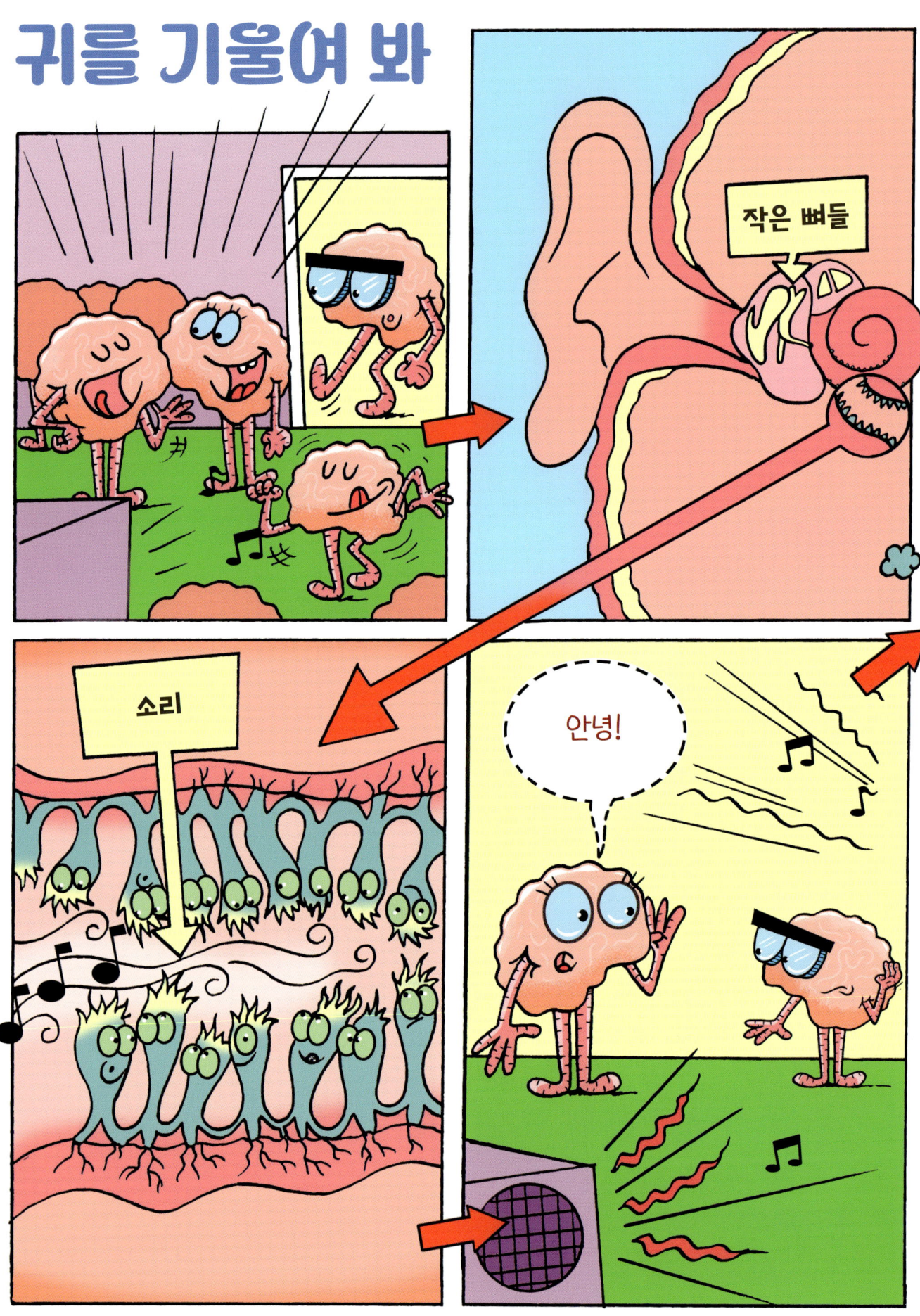

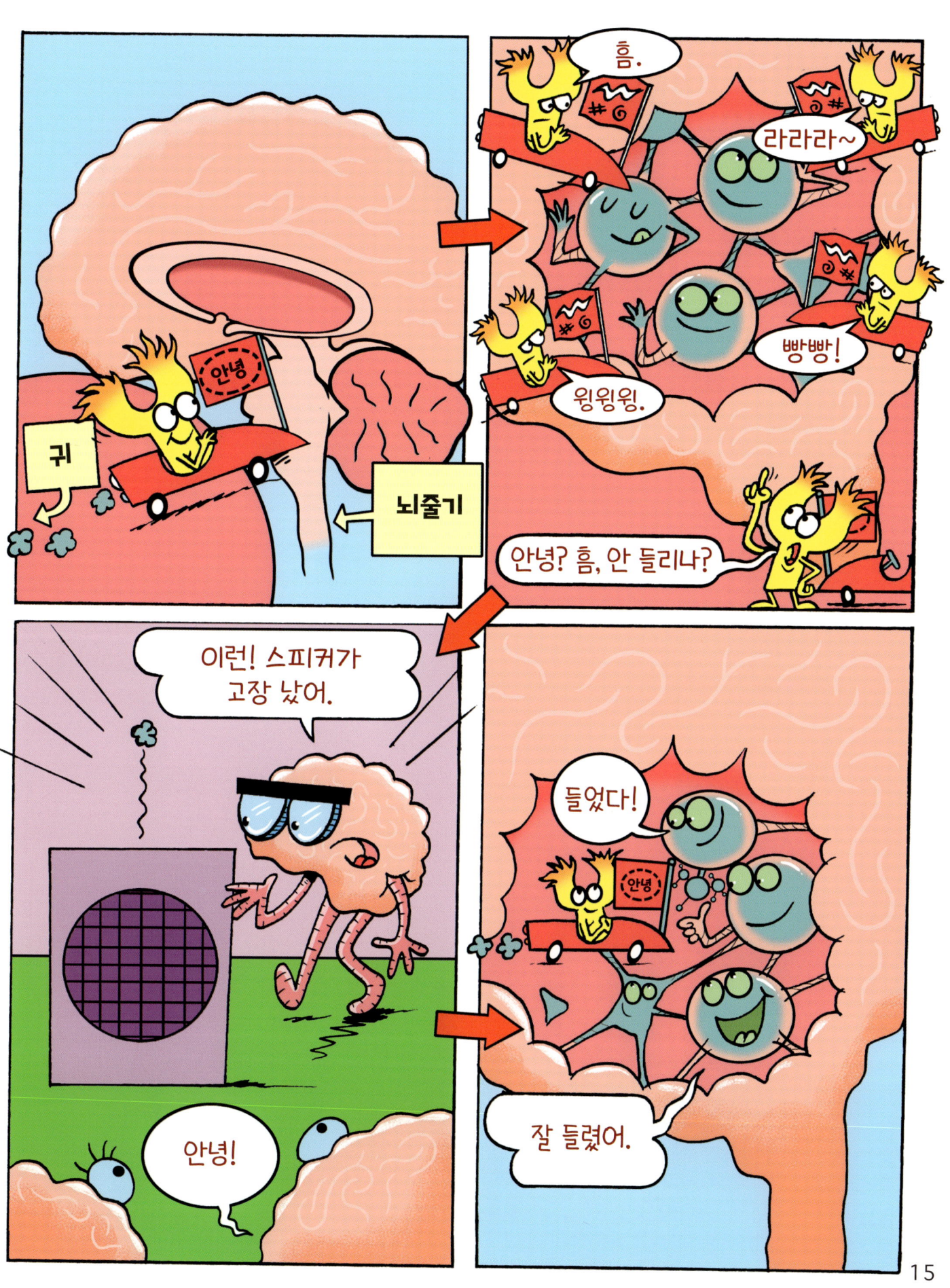

문법은 좌뇌 담당?

소리는 아주 빠르게 떨리는 진동이야. 일 초에 적게는 스무 번에서, 많게는 이만 번까지 떨리거든!
이 떨림이 귓속 세포들을 흔들면, 흔들린 세포들이 뇌로 신호를 보내.

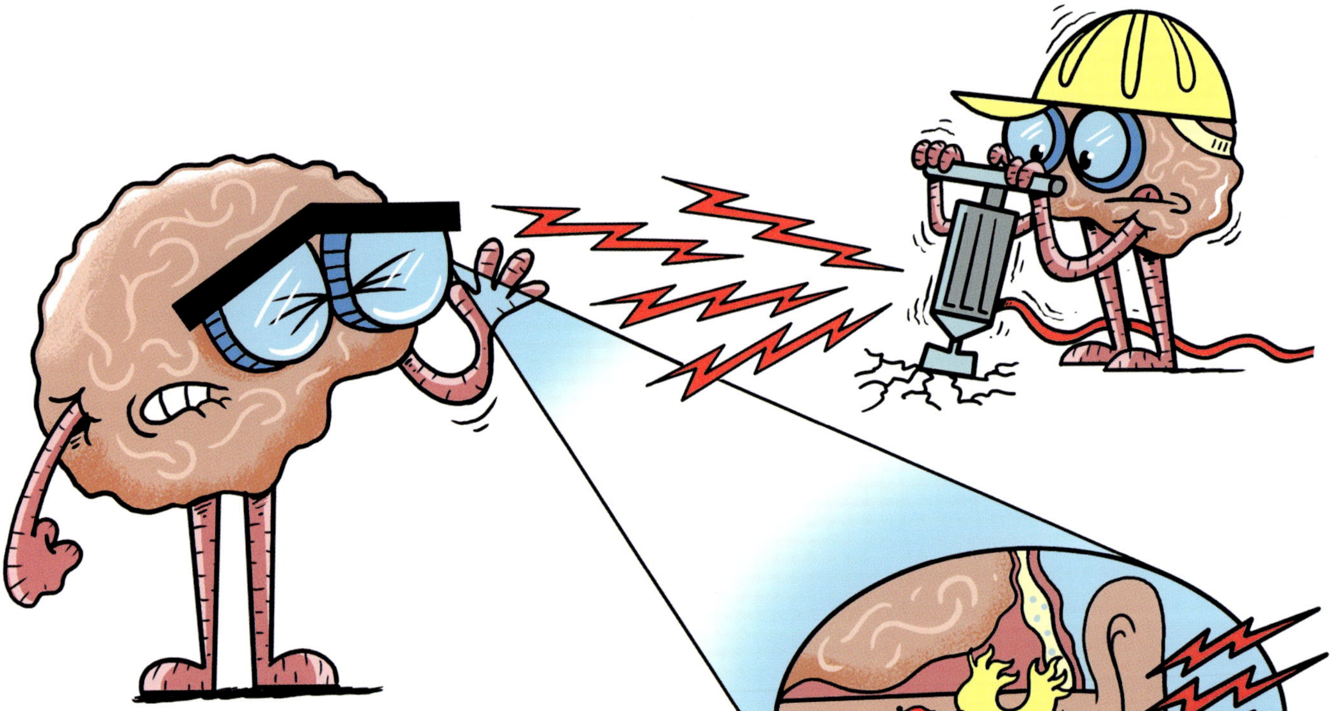

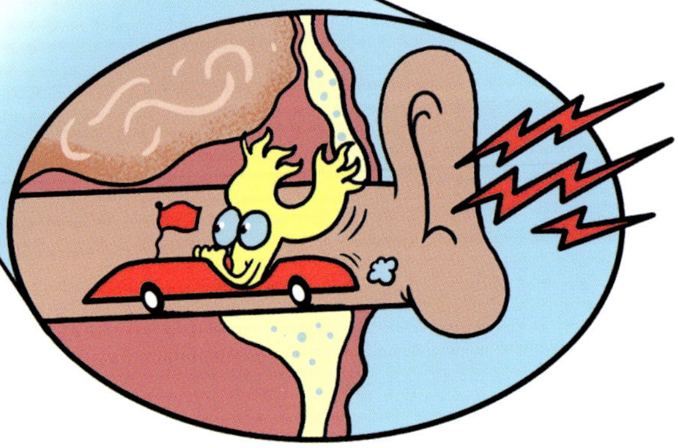

소리의 크기는 데시벨로 표현해. 20데시벨 정도면 아주 아주 작은 소리고, 140데시벨은 도로에 구멍을 뚫는 것만큼 시끄러운 소리야.

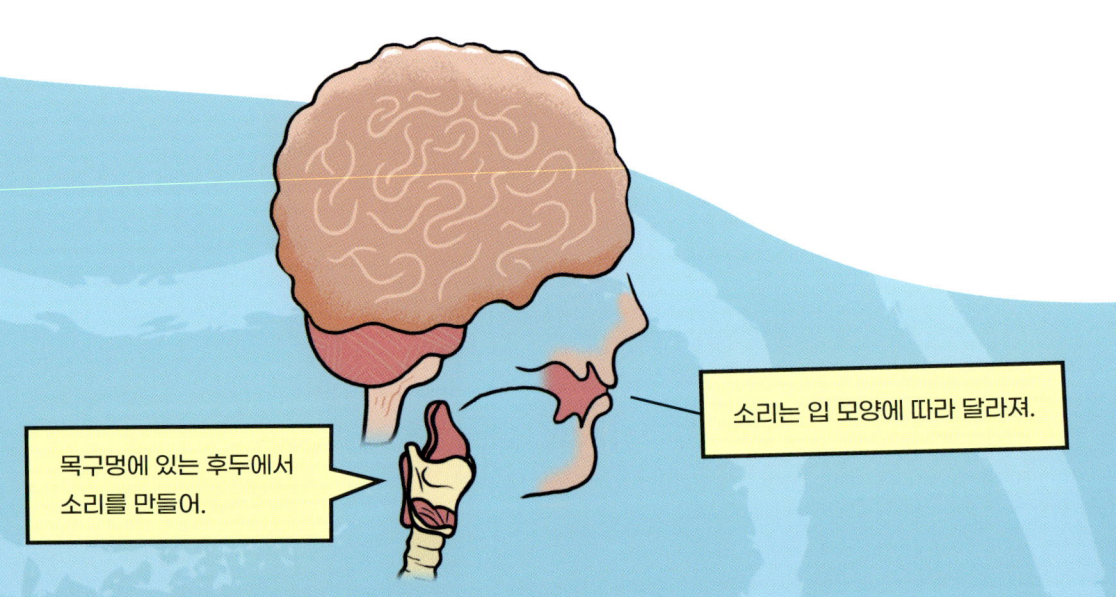

목구멍에 있는 후두에서 소리를 만들어.

소리는 입 모양에 따라 달라져.

뇌는 단어들을 모은 뒤, 규칙에 맞추어 순서대로 나열해. 이 규칙을 문법이라고 하지.

사람은 대부분 왼쪽 뇌에서 언어를 관리해. 앞쪽에서는 말하고 쓰는 법을, 뒤쪽에서는 듣고 읽는 법을 조절하지. 그래서 좌뇌를 다치면 말이 어눌해지게 돼. 다른 사람의 말을 이해하기도 힘들고.

너, 그거 알아?
문법은 엄청나게 복잡한 규칙이야. 다행히 뇌가 그 규칙들을 정확히 지켜 나가지!

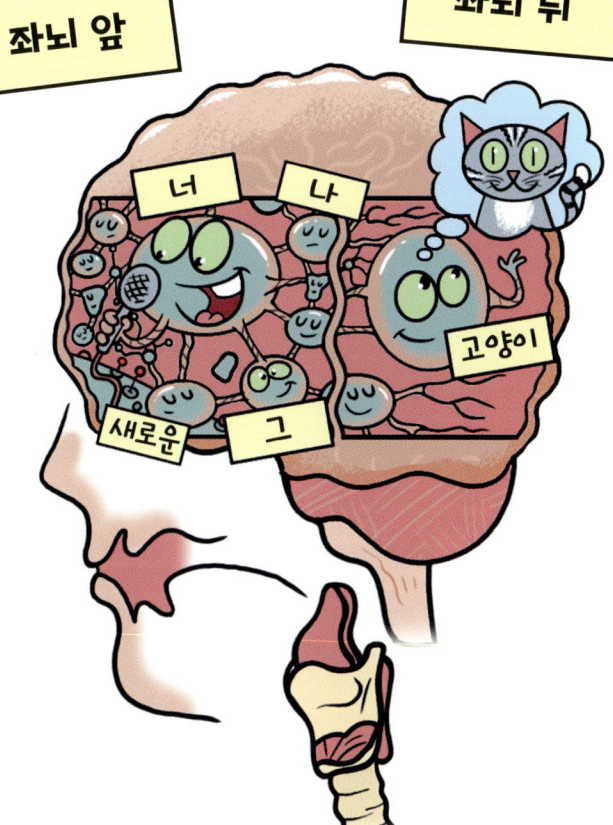

오늘은 무슨 요일?

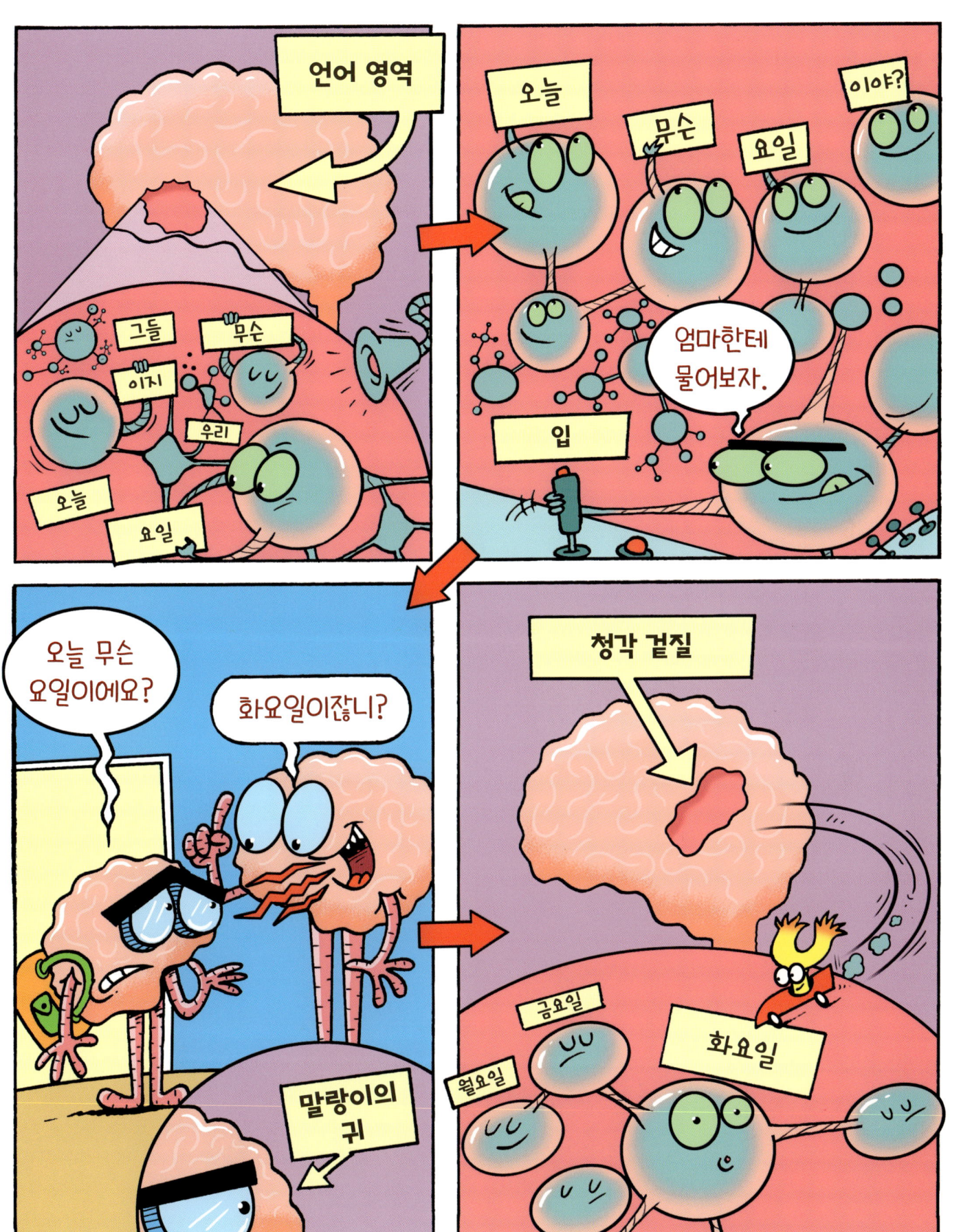

의사소통을 잘하려면…

우리 질문에 친구가 대답했다는 건, 친구가 우리에게 **정보**를 주었다는 뜻이야. 정보가 뭐냐고? 말에 담긴 뜻이나 몰랐던 사실을 알게 해 주는 걸 뜻해.

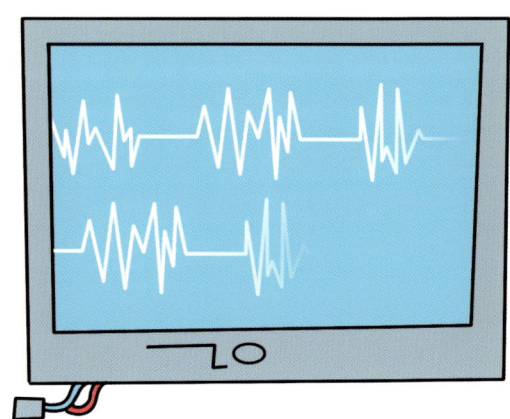

너, 그거 알아?

동물들도 가끔 단어나 기호를 써. 그렇지만 단어를 연결해서 문장을 만들지는 못해. 그건 사람만이 할 수 있거든.

우리가 친구의 질문에 대답을 하면 그 말의 의미나 감정 같은 정보가 우리의 뇌에서 친구의 뇌로 흘러가. 이걸 **의사소통**이라고 해.

청각 겉질의 뉴런들은 소리를 구분해. 이 뉴런들이 우리가 들은 말을 뇌의 다른 영역으로 전해 줘.

의사소통을 하는 방법은 아주 다양해. 만나서 얘기를 나누기도 하고, 휴대폰으로 통화를 하기도 하지. 이메일을 주고받기도 하고.

우리는 손이나 얼굴로도 소통해. 미소를 지으면 행복하다는 걸 알고, 눈물을 흘리면 슬프다는 걸 알잖아?

뇌 안에서도 의사소통을?

뇌의 여러 영역끼리도 서로 의사소통을 해.
만약 '오늘은 화요일이군.'이라고 생각하려면 먼저 기억 영역이 무슨 요일인지를 생각해 내고, 그다음엔 기억 영역의 뉴런들이 이 정보를 언어 영역으로 보내야 해.

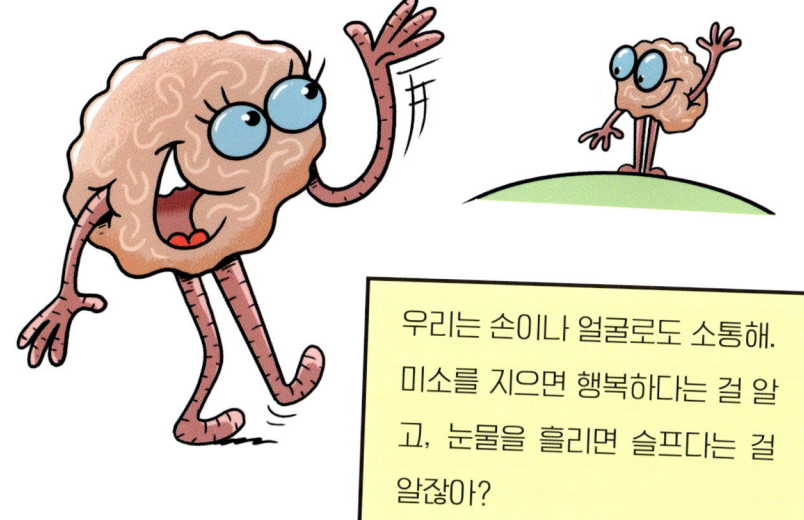

일을 하기 위해서는 뇌의 여러 부위가 서로 잘 소통해야 해!

생각을 서로 연결해

사람은 호기심이 많아서 늘 정보를 찾아 헤매지.
"오늘 저녁은 뭐예요?" 그냥 나오는 대로 먹어도 되는데, 뭐가 나올지 꼭 궁금해하지 않아?
먹기 전에 먼저 알고 싶은 거야! 이런 호기심 덕분에 우리는 새로운 것들을 많이 발견해 왔어.

새로운 정보를 얻으면 그 정보를 바탕으로 생각을 하게 돼. 음식 만드는 냄새를 맡으면 저녁 식사 시각이 다 되었다고 생각하는 것처럼.

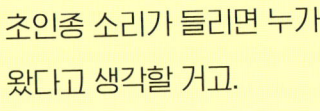

초인종 소리가 들리면 누가 왔다고 생각할 거고.

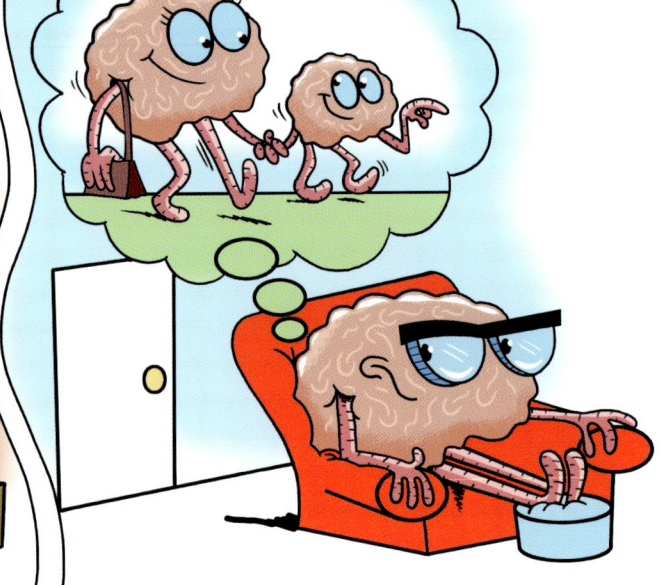

새로운 정보를 얻으면, 뇌는 새로운 생각을 만들거나 원래 하던 생각을 바꿔.

너, 그거 알아?

사람의 뇌는 원래 가지고 있던 생각을 잘 조합해서 새로운 생각을 만들 수 있어. 이걸 '창의성'이라고 해.

뇌는 다 알아

어떤 것에 관해 아는 걸 지식이라고 해. 일종의 기억인데, 뇌 전체에 저장되지.

지식은 뉴런들의 연결 부위, 즉 시냅스에 저장돼. 시냅스에서는 새로운 생각을 만들고, 그 생각들을 서로 연결해.

새로운 사실을 배우면 뉴런들도 새롭게 연결돼. 이런 과정을 통해서 우리는 여러 사물을 구분하고 그 이름을 알게 되지.

뇌는 근거가 있는 사실을 믿어. 어떤 근거냐고? 보고, 듣고, 느끼면서 얻는 정보를 말해. 그렇지만 우리가 보거나 들은 게 전부 사실은 아니야!

뭔가를 믿기 전에 먼저 그게 진짜인지 판단해야 해. 이걸 **비판적 사고**라고 해.

동작 바꿔!

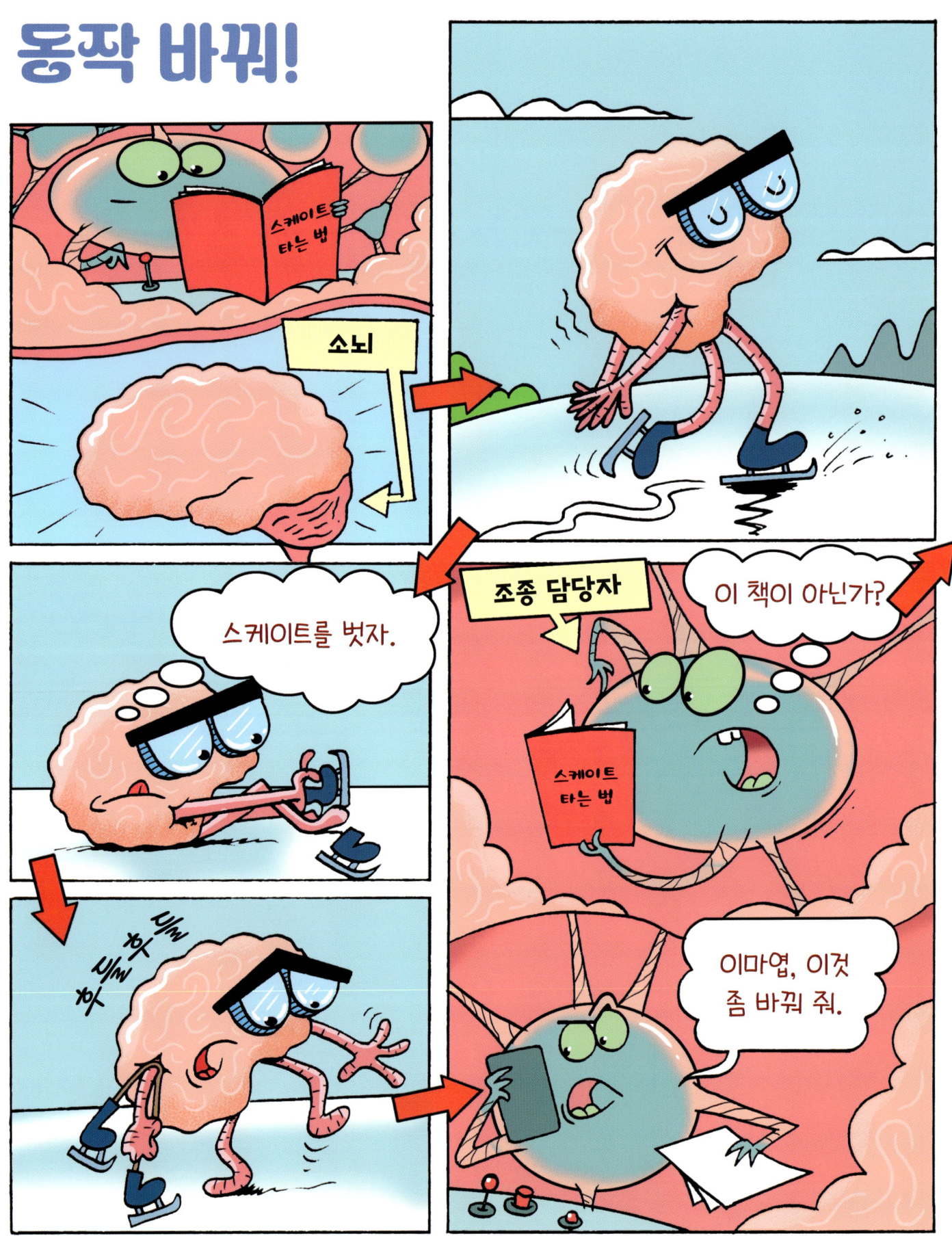

이마엽이 지시하는 대로 움직여

우리는 아주 많은 기술을 알고 있어. 각 상황마다 어떤 기술을 쓰는 게 좋은지 어떻게 알 수 있을까?

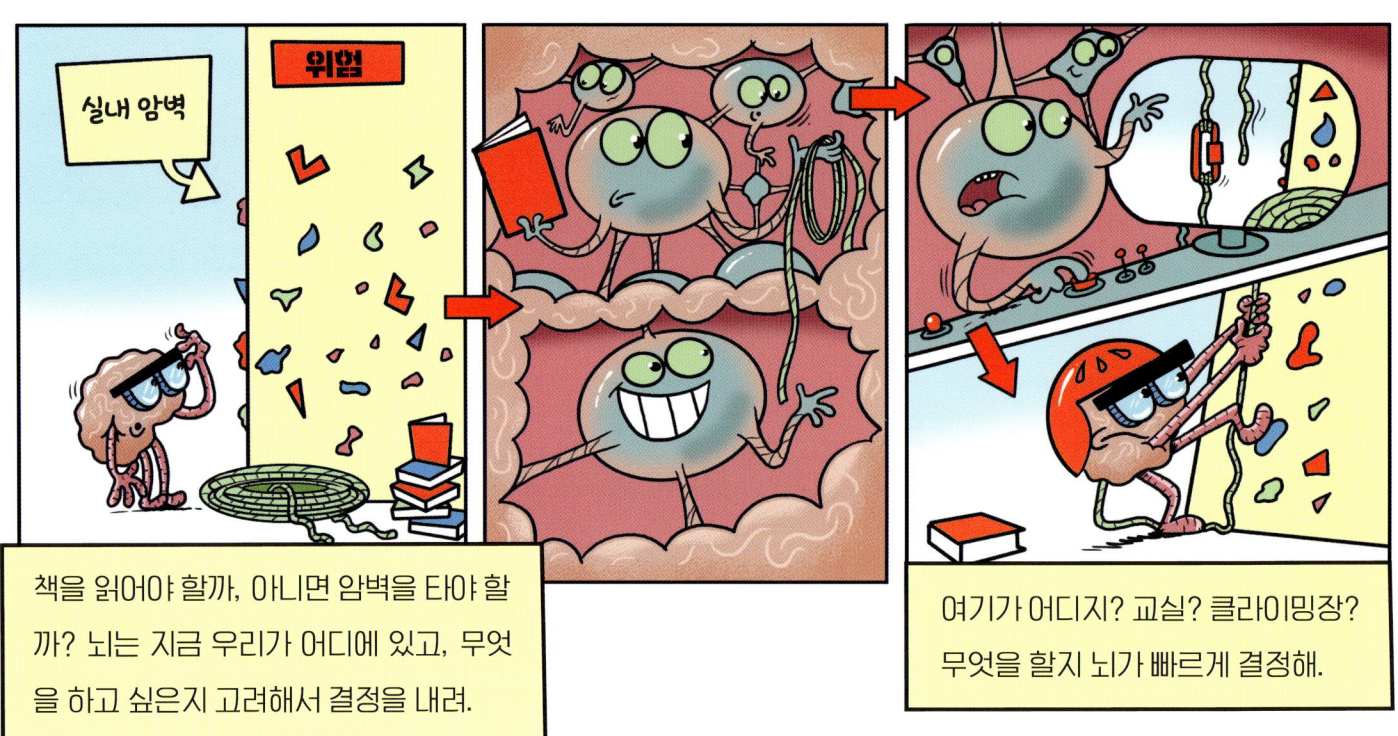

책을 읽어야 할까, 아니면 암벽을 타야 할까? 뇌는 지금 우리가 어디에 있고, 무엇을 하고 싶은지 고려해서 결정을 내려.

여기가 어디지? 교실? 클라이밍장? 무엇을 할지 뇌가 빠르게 결정해.

우리의 위치를 파악하는 건 뇌의 감각 영역이야. 이마엽은 우리가 어떤 일을 하고 싶어 하는지 살핀 다음, 그 일에 적합한 기술을 골라 줘. 이마엽이 운동 영역에 지시를 내리면 우리 몸이 그에 맞는 기술을 쓰게 되지.

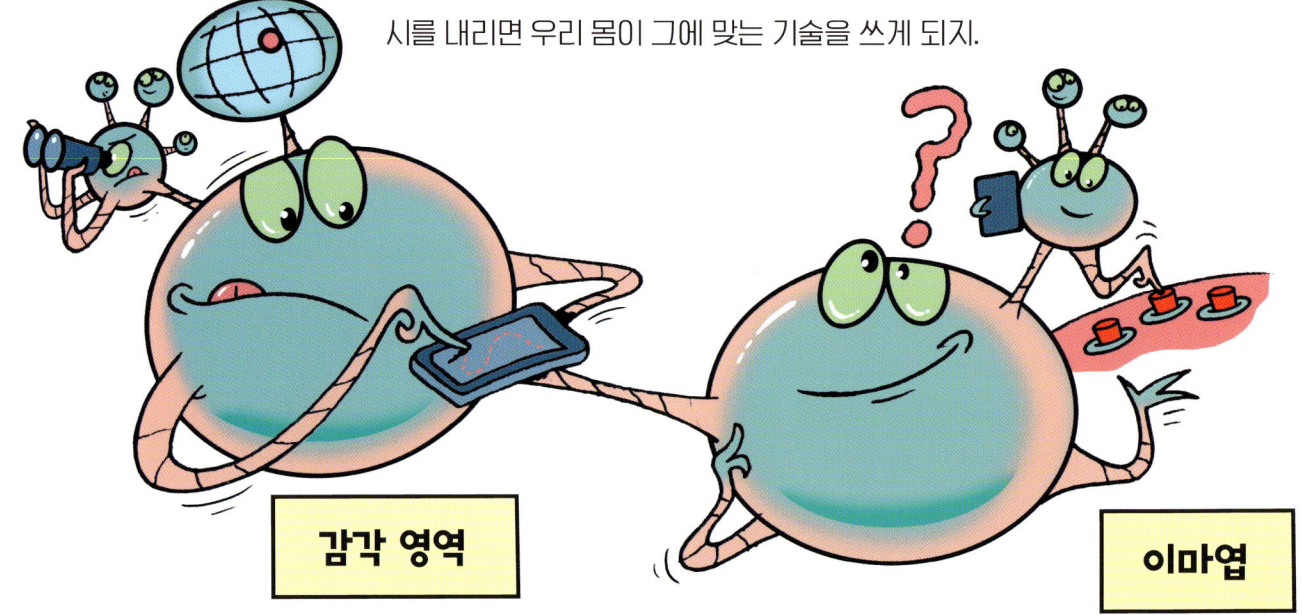

빨리 결정해!

만약 선택지가 두 가지 있다면, 뇌는 그중 하나를 골라야 해. 이때 뉴런들은 팀을 이뤄서 서로 경쟁을 해. 승리한 팀이 결정을 내리게 되지!

너, 그거 알아?

책 두 권을 동시에 읽을 수 있어? 그건 너무 어렵지! 한 권에 한 줄씩, 두 권을 번갈아 읽으면? 그것도 어려운 일이야.
이렇게 뇌가 한 가지 일을 하다가 다른 일을 하려면 시간이 오래 걸려. 다른 일로 빠르게 전환하려면 연습을 많이 해야 해.

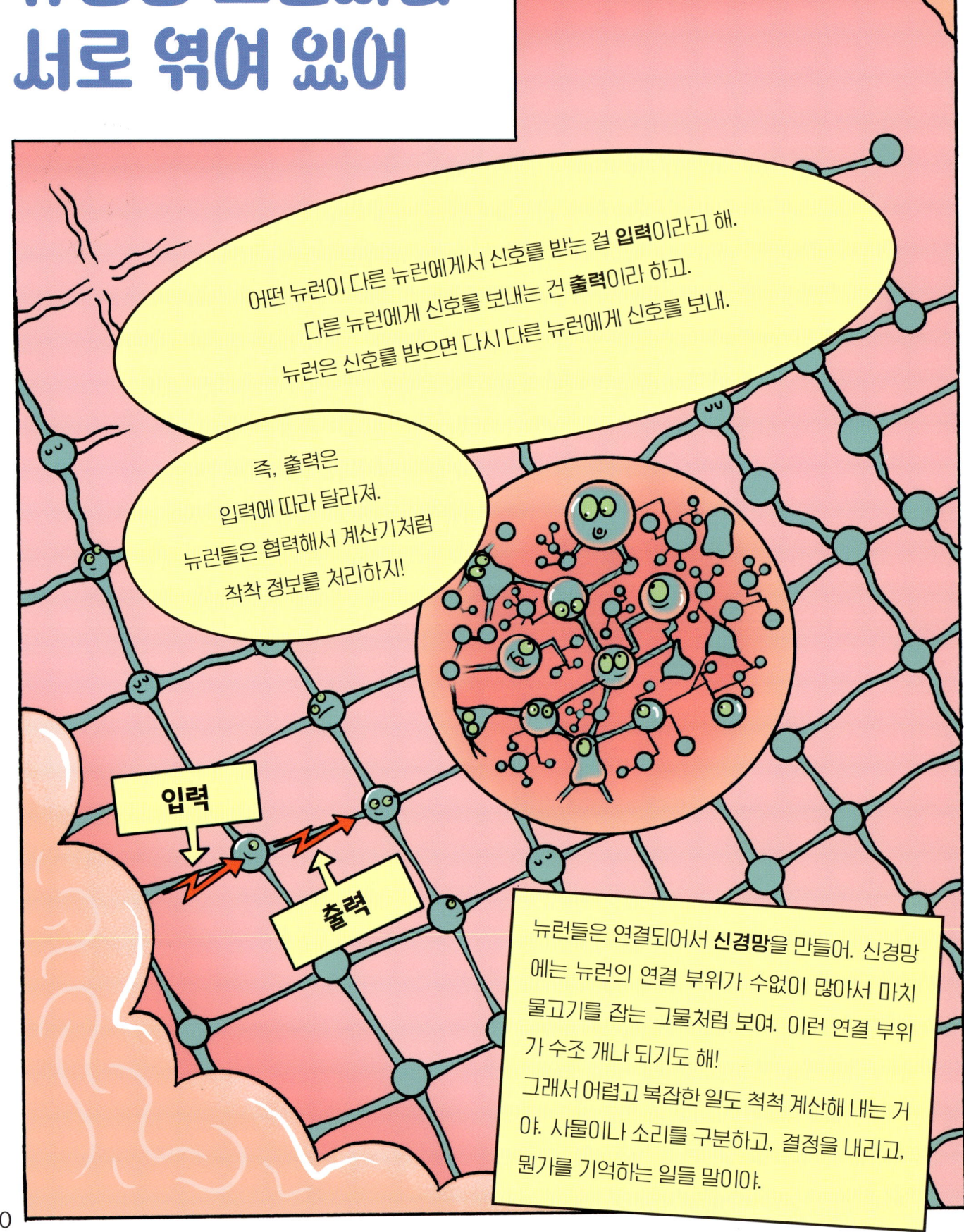

말랑말랑 두뇌 용어 사전

데시벨 소리의 크기를 측정하는 단위야.

비판적 사고 정보가 들어오면 그 정보가 옳은지 판단하는 거야.

신경망 수많은 뉴런으로 이루어진 연결망이야. 어려운 일을 척척 해내지.

의사소통 정보를 한 곳에서 다른 곳으로 보내고 받는 일을 말해.

입력 뉴런이 다른 뉴런에게 신호를 받는 거야.

지각 바깥 세상에서 벌어지는 일을 감각기관을 통해 알아차리는 거야.

진동 흔들려서 움직이는 걸 말해. 공기가 진동하면 소리가 만들어지지.

창의성 새로운 생각을 떠올리는 특성을 말해.

청각 겉질 소리를 알아차리는 뉴런들이 있는 뇌 부위야.

출력 뉴런이 다른 뉴런에게 신호를 보내는 거야.

해마 어떤 일이나 장소 등을 기억하는 뇌 부위야.

회상 지난 일을 돌이켜 생각해 내는 걸 말해.

후두 목구멍 속에 있는 부위야. 소리를 내고 이물질이 기도로 들어가는 것을 막아 줘.